W0237111

#DisJamy

Pourquoi la mer est-elle salée ?

et autres questions houleuses

Épicurieux

#Dis Jamy

Pourquoi la mer est-elle salée ?

et autres questions houleuses

Nathan

Les vacances au bord de la mer, ça fait du bien !
Là, c'est l'océan Atlantique.
On va goûter l'eau de mer ? Il paraît qu'elle est bonne.

Pouah ! Elle est vraiment salée !
Je ne m'y ferai jamais.

Pourquoi la mer est-elle salée ?

L'eau de mer contient en moyenne **35 grammes de sel par litre**. En moyenne… Parce qu'il y a de fortes variations : 35 g dans l'Atlantique Nord, 38 g dans la mer Méditerranée, jusqu'à 260 g dans la mer Morte et moins de 10 g dans la mer Baltique.

C'est essentiellement du **chlorure de sodium** – NaCl pour ceux qui ont des atomes crochus avec la chimie. Un **ion sodium** (Na+), autrement dit un atome de sodium qui a perdu un électron, combiné avec un **ion chlorure** (Cl-), autrement dit un atome de chlore qui a gagné un électron.

Attention ! Dans l'eau, chlorure et sodium naviguent séparément **1**. Ils ne se combinent que lorsque **l'eau s'évapore** **2** et forment ainsi des **cristaux de sel** **3**.

À ce moment-là, ils mettent en commun un **électron**. L'électron que l'ion chlorure possède en trop et qui manque cruellement à l'ion sodium. Une belle leçon de solidarité !

Le chlorure de sodium, c'est le sel de table, celui qu'on met sur les frites !

La mer a-t-elle toujours été salée ?

D'où vient ce sel ? De très loin dans le temps. Ses composants se sont formés il y a **4 milliards d'années** quand la Terre était toute jeune (pour mémoire, celle-ci s'est formée il y a 4,6 milliards d'années). À l'époque, évidemment, elle n'avait pas du tout la même physionomie.

La Terre était recouverte de **volcans en activité** qui libéraient de la **vapeur d'eau et des gaz.** Ces gaz contenaient du soufre et du chlore. Quand la pluie commença à tomber et à former les océans, **ces gaz se sont dissouts dans l'eau**.

Si à l'époque on avait goûté l'eau des océans, elle aurait déjà eu un petit goût salé. Car dans le tandem chlorure de sodium, c'est le **chlorure** qui donne le **goût salé**.

Le **sodium**, lui, rend les papilles plus sensibles. C'est l'un des éléments des roches qui recouvrent notre planète, comme le potassium, le magnésium ou le calcium. Ces éléments ont été arrachés par le ruissellement de l'eau de pluie et **transportés jusqu'aux océans**.

Pourquoi la salinité n'augmente-t-elle pas ?

Le phénomène se poursuit aujourd'hui. Des cours d'eau déversent ces éléments dans les mers et dans les océans : plus de **2 milliards de tonnes** chaque année.
Alors pourquoi la salinité n'augmente-t-elle pas ?

Eh bien, tout simplement parce que ces **éléments** sont **absorbés par l'environnement**.

Potassium K
Calcium Ca
Sodium Na

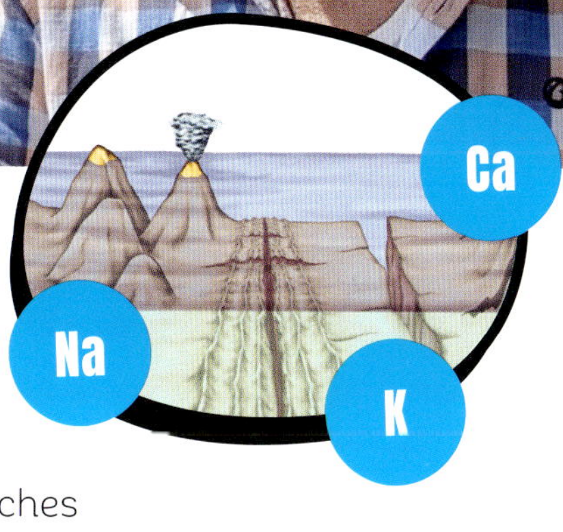

Le potassium, par exemple, est absorbé par l'argile très présent au fond des océans, le calcium par les organismes marins et le sodium par les roches volcaniques.

Du coup, **la salinité n'augmente pas,** mais la mer est toujours aussi salée ! Impossible de la boire et surtout impossible de se réhydrater avec cette eau.
C'est une histoire d'équilibre !

Pourquoi l'eau de mer ne désaltère pas ?

L'organisme est constitué de centaines de milliards de **cellules.** Chaque cellule contient entre autres de l'**eau** - H_2O - et des **sels minéraux**.
Quand on mange un aliment salé, le sel se disperse dans les tissus. Il est dissout dans l'eau où baignent les cellules. À ce moment-là, il y a davantage de sel à l'extérieur qu'à l'intérieur de la cellule.

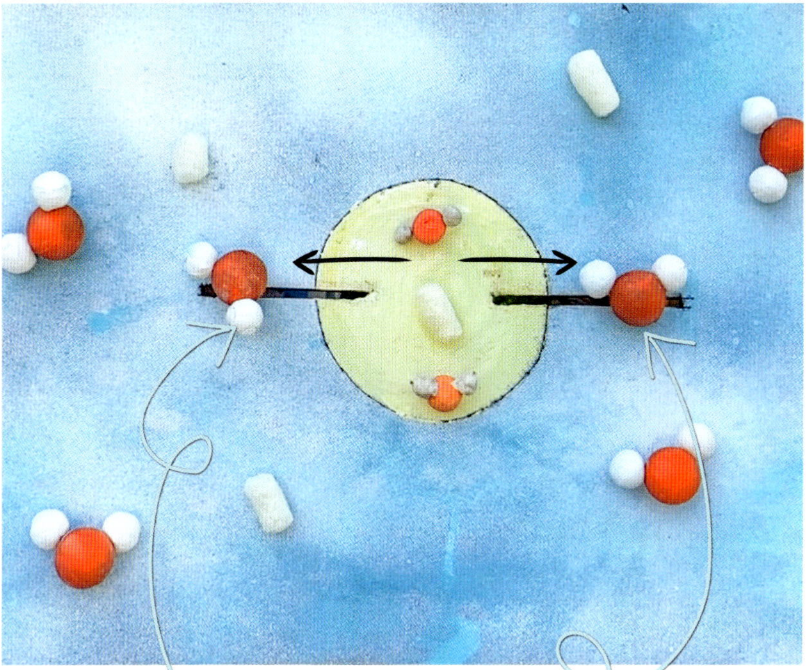

Pour rééquilibrer la concentration en sel, l'**eau** contenue dans les cellules **migre vers l'extérieur** ce qui permet de dissoudre davantage le sel. Privée d'eau, la cellule est encore plus **déshydratée** et nous avons encore plus soif !

Voilà pourquoi on ne peut pas s'hydrater avec l'eau de mer. En fait, l'eau de mer c'est bien pour nager ou pour barboter.

Je vais peut-être rester un peu ici, moi !

C'est quoi les marées ?

Quand je vais me promener au bord de la mer, je ne pars jamais sans mes **horaires des marées**.

Ce petit livret contient tous les horaires de marées.
Il indique l'heure à laquelle la marée est haute et l'heure à laquelle elle est basse. Il y figure également le **coefficient de chaque marée**. Plus ce chiffre est élevé, plus la marée est grande. Autrement dit, plus la mer monte haut et plus elle se retire loin.

Ces données changent tous les **jours** et d'une **année** sur l'autre ; elles varient également en fonction de l'**endroit** où nous nous trouvons. Par exemple, pour la même journée, la haute mer qui a lieu à 5h03 à Noirmoutier a lieu à 7h37 au Mont-Saint-Michel.

Les premiers horaires de marées au monde ont été publiés en **1839**, pour le port de Brest, et calculés par un scientifique français, **Antoine Chazallon**.

À propos, à quelle heure la mer sera-t-elle haute aujourd'hui ?

Pourquoi y a-t-il des marées ?

C'est important les horaires de marées ! Surtout ici, à **Noirmoutier**, sur la côte vendéenne. La presqu'île derrière moi est reliée au continent par une route qu'on appelle le **Gois** et qui, à marée haute, est totalement submergée. Il vaut mieux savoir à quel moment se produit le phénomène. Chaque année, des promeneurs et des pêcheurs à pied se font piéger. Heureusement qu'il y a des **refuges** tout le long de la route. Il y a aussi un pont mais c'est moins authentique !

Eh oui ! Les refuges, ce n'est pas que pour les mouettes.

Alors, qu'est-ce qui provoque les marées ?
Vous l'avez sûrement déjà entendu dire, c'est la **Lune** qui est responsable de la marée. Et pour cause.
Dans l'univers, tous les corps s'attirent.
C'est la **loi de la gravitation universelle**.

Tenez, si je lâche un **galet,** il tombe parce qu'il est attiré par la Terre. Mais lui aussi attire la Terre.
Beaucoup moins évidemment puisque la force de gravitation dépend de la **masse des corps** et de la **distance** qui les sépare.

Pourquoi l'eau monte à marée haute ?

À cause de la gravitation, la Terre attire la Lune et la Lune attire la Terre. Sous l'effet de l'attraction de la Lune, les **océans se déforment**. L'eau se soulève et forme un **bourrelet,** à l'origine des marées.

Une précision importante : la marée haute ne se forme pas forcément à la verticale de la Lune. En fonction du relief sous-marin et du trait de côte plus ou moins sinueux, la marée peut être haute avant ou après que la Lune soit à la verticale.

Une dernière chose : cette attraction déforme également le **sol terrestre**. Même si on ne s'en rend pas compte à notre échelle. Lorsque la Lune est à la verticale, l'île de Noirmoutier se soulève de 20 cm à marée haute ! Six heures plus tard, quand la Terre a fait un quart de tour et que Noirmoutier se trouve loin de la Lune, c'est marée basse et le sol de l'île redescend... Mais pourquoi une seconde marée haute se forme-t-elle encore six heures plus tard, alors que la Lune est aux antipodes ?

Ça, c'est un peu plus compliqué...

Comment se forme la seconde marée haute ?

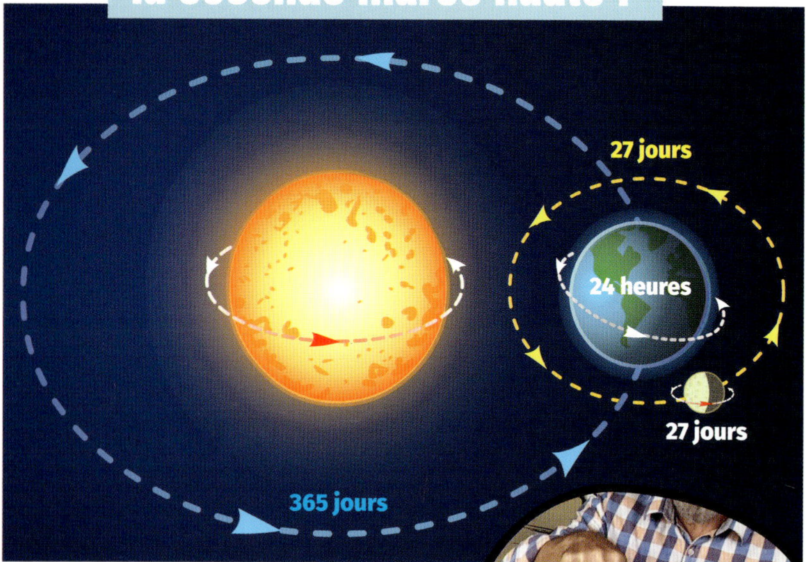

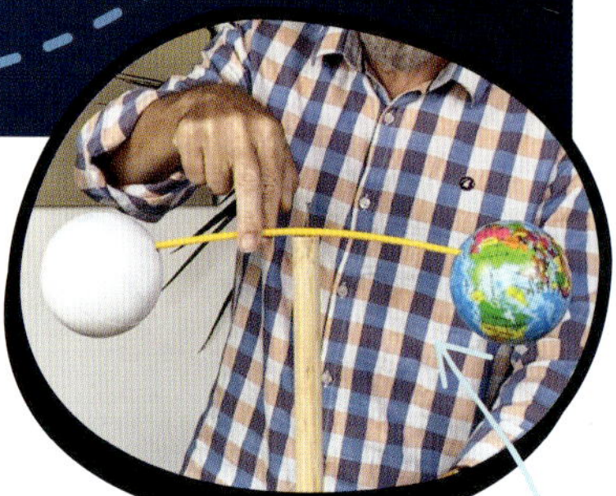

Les marées sont en fait la résultante de plusieurs forces. Il n'y a pas que l'attraction de la Lune. Vous le savez, la Terre tourne sur elle-même, et fait un **tour complet en 24 heures**. Elle tourne aussi autour du Soleil, et fait ce qu'on appelle une **révolution en 365 jours**. Et la Lune fait le tour de la Terre en un peu plus de **27 jours**.

Si la Terre et la Lune faisaient **la même masse,** les deux tourneraient autour d'un axe situé à mi-chemin.

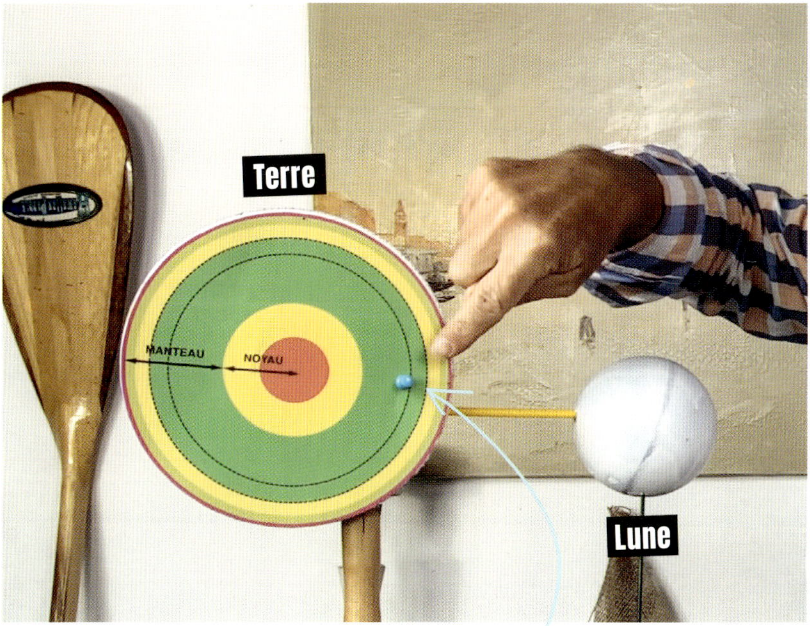

Mais comme **la Terre est plus massive que la Lune**, l'axe de rotation se trouve plus proche du centre de la Terre, tellement proche qu'il est situé à 1 700 km sous la croûte terrestre. C'est ce qu'on appelle le **barycentre.** En tournant autour de ce barycentre, la Lune fait le tour de la Terre. Mais la Terre, qui tourne également autour du **barycentre** dessine de petits cercles. L'eau est déportée par ce qu'on appelle communément la force centrifuge (comme l'eau dans un bocal qu'on fait tourner). Elle forme alors un second bourrelet qui est à l'origine de la seconde marée haute.

Ouf... Il faut que je prenne l'air moi !

Le Soleil joue-t-il un rôle dans les marées ?

Oh là là ! La mer s'est retirée drôlement loin aujourd'hui : c'est une **grande marée**. C'est à cause du **Soleil.** Sa masse étant égale à 300 000 fois celle de la Terre, il exerce lui aussi une **attraction**. Mais comme il se trouve à 150 millions de km de nous, la force de marée qu'il exerce est deux fois moins importante que celle de la Lune.

Cela dit, quand les **trois astres** (la Terre, la Lune et le Soleil) sont **alignés**, les forces s'additionnent. On assiste alors à des **grandes marées** dites de « vives-eaux ».

Mais quand les trois astres forment un angle droit, les forces se contrarient et on assiste à des **petites marées**, des marées de « mortes-eaux ».

Et les marées d'**équinoxe** ?
Elles sont dues à la position de la Terre par rapport au Soleil. Ce jour-là, le centre du **Soleil se trouve à la verticale de l'équateur**. L'attraction qu'il exerce est plus importante que d'habitude. Ce phénomène se produit deux fois dans l'année, **le jour du printemps** et **le jour de l'automne**.
Et si en plus, le jour de l'équinoxe, la Lune et le Soleil sont **alignés avec la Terre,** on assiste à des marées encore plus grandes. Souvent on parle de « marée du siècle ».

Pourquoi les heures de marées changent-elles chaque jour ?

La marée est haute maintenant. Je reviendrai demain.
C'est à quelle heure déjà la marée basse ?

Environ une heure plus tard qu'aujourd'hui !
Eh oui, la Terre fait un tour sur elle-même en 24 heures mais pendant ce temps la Lune, qui tourne autour de la Terre, se déplace légèrement. Par conséquent, il va falloir environ **une heure de plus** pour que Noirmoutier se trouve à la même position par rapport à la Lune.

Ça vous fait marrer ?

Pourquoi on dit ?

Contre vents et marées

Cette expression remonte... (pas la marée, l'expression !) au XVIIe siècle. C'est une métaphore qui signifie agir avec obstination malgré les difficultés rencontrées. Lorsqu'ils sont en mer, les marins font souvent face à des éléments contraires qui perturbent la navigation et qu'ils doivent affronter pour rejoindre la terre ferme.

Au sens figuré, « contre vents et marées » signifie donc « aller au bout », sans renoncer malgré les obstacles qui se dressent sur la route.

À l'inverse, au XVIe siècle, l'expression « avoir vents et marées » était souvent utilisée pour signifier « être favorisé par les circonstances ».

Pourquoi entend-on la mer dans un coquillage ?

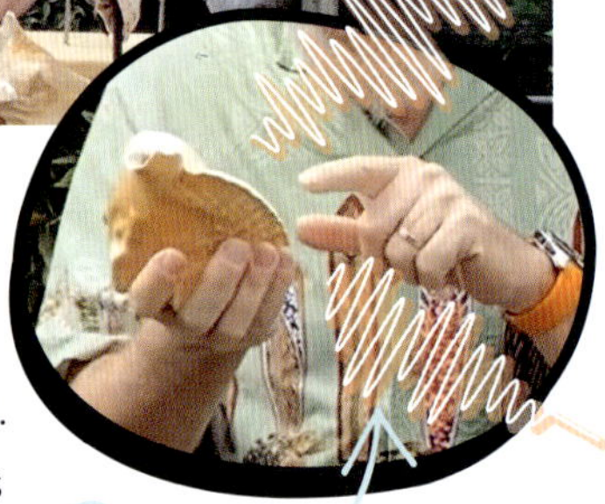

J'entends la mer ! Ça fait du bien...

Et pourtant, elle n'est pas tout près. À vol d'oiseau, la mer est au moins à 200 km de chez moi.

En fait, nous entendons le **son** de notre corps. Plus précisément, celui du **sang** qui circule dans nos vaisseaux. Le coquillage fait caisse de résonance. Quand il est plaqué sur l'oreille, il récupère le son qui se propage dans le conduit auditif. Les **ondes** rebondissent sur les parois solides du coquillage et le son est amplifié.

Si on reste immobile, on entend un bruit de fond.
Mais si on bouge légèrement le coquillage, on obtient une variation qui évoque le bruit des vagues dans le lointain.
Entre nous, ça marche aussi très bien avec une boîte de maquereaux et même avec un pot de confiture.
Je vous promets, je n'entends pas le chant des fraises.

Enfin quand même, avec un coquillage comme celui-ci, ça fonctionne vraiment mieux !

#DisJamy

Khalil

Pourquoi les larmes sont-elles salées ?

Il y a une bonne raison à cela : c'est parce qu'elles sont fabriquées à partir du **sang,** qui contient lui-même du sel. Mais nos larmes ne sont pas rouges, me direz-vous ! Ça, c'est grâce à nos **glandes lacrymales**, de tout petits organes situés juste au-dessus des yeux. Elles filtrent le sang, qui contient environ 80 % d'eau : elles mettent de côté certains éléments, comme les globules rouges, qui donnent sa couleur au sang.

Mais elles en gardent d'autres, essentiellement de **l'eau** et du **chlorure de sodium,** plus connu sous le nom de sel. Et voilà pourquoi nos larmes sont salées. Ce n'est d'ailleurs pas le seul liquide de notre corps à l'être : la **transpiration** aussi est salée. On s'en rend bien compte quand on fait du sport et que la sueur laisse une trace blanche sur notre t-shirt quand elle sèche : c'est du sel !

Pauline

#Dis Jamy

Pourquoi les marées sont-elles imperceptibles en Méditerranée ?

Je vais essayer de ne pas vous noyer sous les explications pour répondre à cette question...
Comme nous l'avons vu, et pour faire simple, c'est la Lune, et l'attraction qu'elle exerce sur notre planète, qui est en grande partie responsable des marées. Mais pas seulement : la rotation de la Terre, la forme des côtes, la profondeur des fonds marins, entre autres... influencent aussi largement **le rythme et l'amplitude des marées** 🌊, très différents d'un bout à l'autre de la planète.

La mer Méditerranée ne fait pas exception : il s'y produit bien des marées, mais la **forme de ses côtes** 🏝️ et la grande **profondeur** 🐟 de cette mer quasi fermée, notamment, limitent leurs effets.
La variation du niveau d'eau y est d'environ 40 cm entre marée basse et marée haute. Ce n'est pas la mer à boire. N'empêche : c'est bien en Méditerranée, à Marseille, en **1885,** qu'a été installé le premier **marégraphe,** un appareil à mesurer les marées. Le niveau 0 des océans, pour la France, y a été fixé grâce aux mesures de cet appareil... et des marées méditerranéennes donc !

Quiz Épicurieux

Vrai ou Faux ?

Les océans et les mers sont un monde de mystères. Saurez-vous démêler les bonnes infos des fausses sans avoir le mal de mer ?

1 Nous respirons grâce à la mer.

VRAI FAUX

Réponse : Vrai. La vie sur Terre est née dans l'eau. Des organismes microscopiques appelés phytoplanctons produisent, grâce à la photosynthèse, la moitié de l'oxygène que les êtres humains respirent. Le phytoplancton constitue par ailleurs un immense puits de carbone car il puise le CO_2 présent dans l'atmosphère pour réaliser sa photosynthèse.

2 On peut flotter dans la mer sans couler.

VRAI FAUX

Réponse : Vrai. La mer Morte est connue pour être particulièrement concentrée en sel. Elle permet donc aux baigneurs de flotter à la surface de l'eau sans couler ! Mais attention, mieux vaut rester prudents si vous ne savez pas nager, et prendre vos brassards. La noyade est vite arrivée.

3 Les poissons ne peuvent pas attraper de coups de soleil.

VRAI FAUX

Réponse : Faux. L'eau n'est pas une barrière protectrice des rayons ultraviolets car les UVA et les UVB la traversent. Ces UV sont concentrés dans les eaux tropicales transparentes et peu profondes. Au large de l'Australie, 15 % des truites de corail souffriraient d'un cancer de la peau.

4 Le son se déplace plus vite dans l'air que dans l'eau.

VRAI FAUX

Réponse : Faux. Le son se déplace plus de quatre fois plus vite dans l'eau (5400 km/h) que dans l'air (1 224 km/h).

5 Il y a plus de personnes qui ont visité la Lune que la fosse des Mariannes.

- VRAI
- FAUX

Réponse : Vrai. La fosse des Mariannes dans le Pacifique est l'endroit le plus profond du monde (10 984 mètres). Seules quatre personnes (Jacques Piccard et Don Walsh en 1960, James Cameron en 2012 et Victor Vescovo en 2019) y sont descendues alors que douze hommes sont allés sur la Lune.

6 La mer Caspienne n'est pas une mer.

- VRAI
- FAUX

Réponse : Vrai. Située entre l'Asie et l'Europe, la mer Caspienne est en fait le plus grand lac du monde, d'une superficie de 371 000 km². On l'appelle « mer » car elle contient de l'eau salée.

7 Pour porter l'appellation marinière, un tricot doit comporter au moins 13 rayures.

- VRAI
- FAUX

Réponse : Faux. En 1858, un décret impose le tricot rayé bleu et blanc dans l'uniforme officiel des quartiers-maîtres et des matelots. Appelé marinière, il doit comporter : 21 rayures blanches larges de 20 millimètres et 20 ou 21 rayures bleu indigo larges de 10 millimètres sur le torse et le dos ; 15 rayures blanches et 14 ou 15 rayures bleues sur les manches.

8 On trouve de l'or dans les fonds marins.

- VRAI
- FAUX

Réponse : Vrai. Selon une étude réalisée en 1990, l'océan abrite d'importantes quantités d'or (31,2 millions de kilogrammes) sous forme de particules imbriquées dans des roches qui se trouvent à de grandes profondeurs.

9 Le poème *L'Homme et la Mer* a été écrit par Hemingway.

- VRAI
- FAUX

Réponse : Faux. *L'Homme et la Mer* est un poème de Charles Baudelaire contenu dans la section « Spleen et idéal » de son recueil *Les Fleurs du mal*. Ernest Hemingway a, quant à lui, écrit en 1951 un court roman *Le Vieil Homme et la Mer* (*The Old Man and the Sea*).

10 Une fonte complète des glaciers arctiques ferait monter le niveau de la mer de 80 mètres.

- VRAI
- FAUX

Réponse : Vrai. Cela représente 26 étages ! Selon les estimations de la NASA en 2015, le niveau de la mer pourrait augmenter de 20 centimètres d'ici 2100.

Le goût du savoir, ça se partage !

Retrouvez les Épicurieux sur YouTube et les réseaux sociaux

Découvrez les titres disponibles dans la collection :

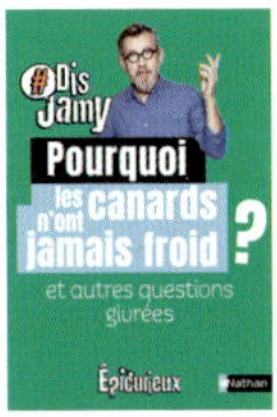

Textes : Jamy Gourmaud et l'agence Tadam.

Photos : © Chaîne Youtube Epicurieux, sauf : p. 7 : © Shutterstock/Danny Smythe ; p. 11 : © Shutterstock/stihii ; p. 20 : © Shutterstock/grayjay.

Dépôt légal : février 2022
ISBN : 978-2-09-249687-9 / N° éditeur : 10278037
Achevé d'imprimer en janvier 2022 par Clerc (18200 Saint-Amand-Montrond).